项目号：21557604K

家住塞罕坝

我的观鸟笔记

侯建华　李雪峰　主编　　赵俊清等　摄

河北出版传媒集团
河北少年儿童出版社
·石家庄·

《家住塞罕坝——我的观鸟笔记》编委会

顾 问
印象初

主 编
侯建华　李雪峰

副主编
董常春　李 西　雨 辰　余 白

编写人员（排名不分先后）
王姣姣　祎来坤

霍 达　王 晨　刘 维　潘 鹏　张梦男　阙佳良

张宗军　田曾睿　陈佳钿　赵丹阳　石 濛　长 河

李佳桐　蔡 威　知 微　张潇文　张亚童　赵 灿

摄 影
赵俊清　王姣姣

音频录制
赵俊清

给小读者的一封信

亲爱的朋友，猜猜我是谁？

我有颜色鲜亮的羽毛，

我有强壮锐利的鸟喙，

我有令人称奇的生存本领，

我还有一群可爱的兄弟姐妹。

我和你一起生活在这蓝色的星球上。

白天，当你出门时，停在枝头向你问好的可能就是我；

夜晚，万家灯火时，躲在巢穴里窃窃私语的可能也是我。

水泥森林是你们生活的地方，

树林、草原、河流却是我的向往。

我，就是在你身边经常出现却常常被你忽视的朋友——鸟儿。

我们飞在空中，为天空增添色彩；

我们站在枝头，为森林消灭虫害。

我们唱歌跳舞，在亲近自然中传递友谊；

我们筑巢孵卵，在热切企盼中哺育下一代。

我们是你会飞的朋友——鸟儿。

然而，

森林、草原、河流越来越少了，

取而代之的是你们需要的公路、农田、货仓……

我们的家园变得越来越小了，

取而代之的是你们建起的高楼、大厦、工厂……

希望读到这封信的你，

能够停下匆忙的脚步侧耳倾听，

给那个热情打招呼的我一些回应，

给鸟类朋友们多一些关心。

请试着与我们重新认识吧，

请学会与我们共同相处吧，

让我们更加相亲相爱吧，

让这颗温暖的蓝色星球永远年轻吧！

　　　　　　　　　　　　永远爱你的朋友

目 录

观鸟笔记	1
草原雕	4
雕鸮	12
大天鹅	20
黑鹳	28
蓑羽鹤	36
黑水鸡	44
反嘴鹬	52
灰头麦鸡	60
金眶鸻	68
灰喜鹊	76
松鸦	84
达乌里寒鸦	92
褐柳莺	100
太平鸟	108

北灰鹟 ········· 116
北红尾鸲 ········· 124
楔尾伯劳 ········· 132
灰椋鸟 ········· 140
珠颈斑鸠 ········· 148
黑琴鸡 ········· 156

飞鸟掠影 ········· 163

成长记录 ········· 213

寿带 ········· 214
中华攀雀 ········· 220

摄影器材简介 ········· 226
后　记 ········· 230
我给鸟儿回封信 ········· 232

家住塞罕坝

观鸟笔记

草原雕

- 鸟纲
- 鹰形目
- 鹰科

听音识鸟

观鸟笔记之 **草原雕**

"闪电猎手"——草原雕

亮兵台又叫点将台,是塞罕坝地区一块孤立的巨大岩石。登台四顾,无边的落叶松人工林被切分成规则的绿色方块,整齐划一的林海不时发出阵阵松涛,颇有当年帝王点将阅兵的恢宏气势。忽然,湛蓝的天空下,一只草原雕呼啸而过,为壮美的风景增添了几分豪迈,不禁让人感慨:"问苍茫大地,谁主沉浮!"

草原雕属大型猛禽,体长70～80厘米,翅展能达到200厘米,雌雄相似,雌鸟体形较大。草原雕尾型平,翅较长,因此显得头小而突出。

草原雕的爪子和喙都很锋利，凭借双翅和尾能够灵活地调整飞行的高度、速度和姿态，有着超强的捕猎能力和高超的飞行技巧。草原雕抓捕猎物时瞬间俯冲下来的速度可达 280 千米 / 时，堪称"闪电猎手"。

草原雕主要栖息于树木繁茂的平原、草地、荒漠和荒原地带，以旱獭、沙土鼠等啮齿类动物和野兔、蛇、鸟类等为食，有时也吃动物尸体和腐肉。

草原雕的繁殖期在每年的 4~6 月。巢呈浅盘状，主要由枯枝构成，里面垫有枯草茎、草叶、羊毛和羽毛等较为柔软的材料。由于体形巨大，它们搭建的巢穴也比较大，如同人类搭建的"窝棚"。

每窝产卵 1~3 枚，通常为 2 枚，卵为白色。产下第一枚卵，亲鸟就开始轮流孵卵，孵化期约为 45 天。雏鸟晚成性，孵出后由亲鸟共同喂养 55~60 天后离巢。

为了捕食啮齿类动物，草原雕的猎食时间和啮齿类动物的活动时间一致。清晨和傍晚时分，草原雕会"蹲守"在旱獭、

 **鸟类小知识**

骨头是中空的：鸟类的部分骨头中没有骨髓而是充满了空气，减轻了体重，为飞行提供了卓越的条件。

鼠类等啮齿动物的洞口，猎物一旦出现就猛扑过去。它们也会在空中飞翔观察寻找猎物，一旦有所发现，会在极短时间内猛冲下去，捕获猎物。

在世界范围内，草原雕的数量正在下降，它们已被列入《世界自然保护联盟濒危物种红色名录》，属濒危鸟类。2021年2月，我国《国家重点保护野生动物名录》将其保护级别由二级提升为一级。

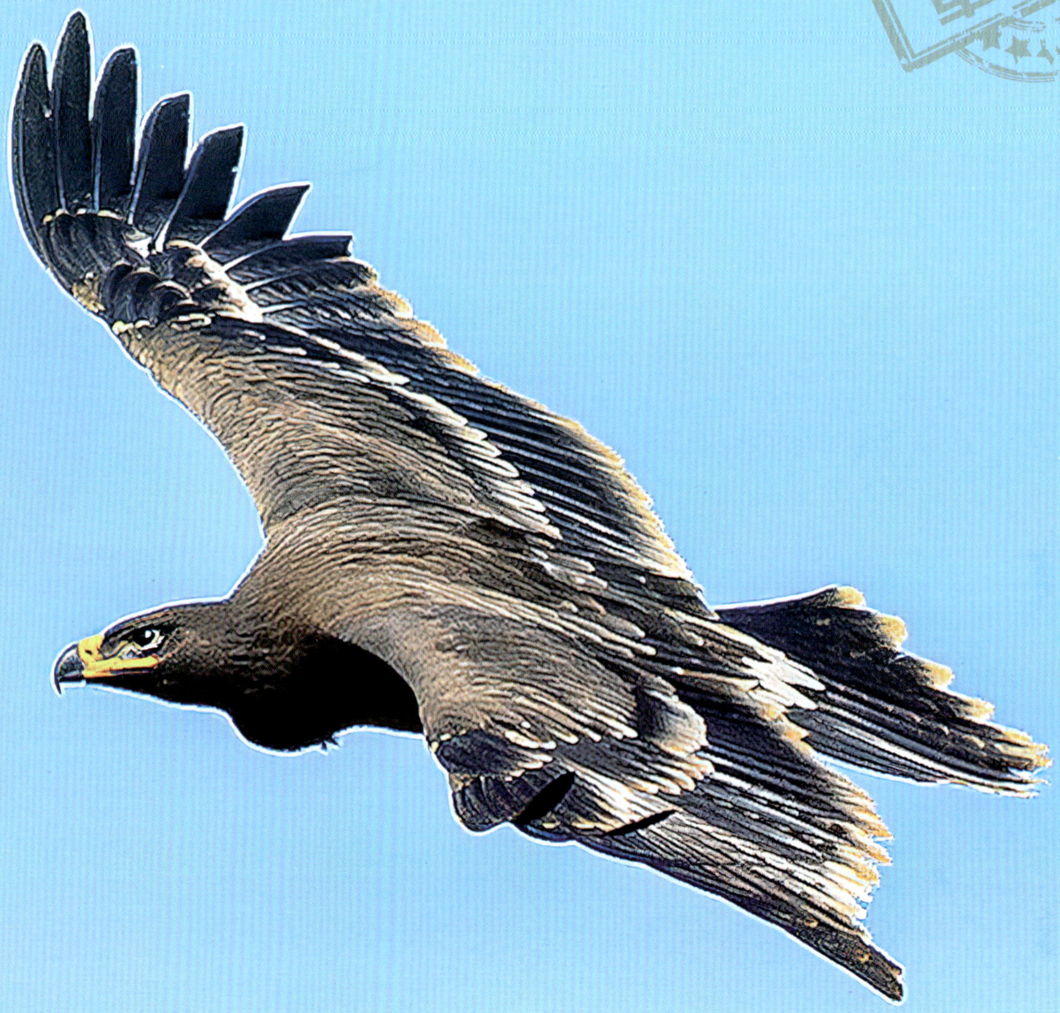

 拓展阅读——地理气候

塞罕坝地处河北省的最北部，内蒙古高原浑善达克沙地南缘，年平均气温-1.3℃，极端最低气温-43.3℃，积雪期长达7个月，这里被誉为"水的源头、云的故乡、花的世界、林的海洋、鸟兽的天堂"。

趣味知识点

鹰、隼、雕

鹰、隼和雕是外形非常相似的猛禽，
可以简单地从站立时的高度区分它们。
站立时低于50厘米的一般为隼，
高于50厘米低于80厘米的大多为鹰，
超过80厘米的基本是雕。

超级"远视眼"

鹰、隼和雕都是超级"远视眼"。
如果人类拥有草原雕的视力，
在1千米外就可以读书看报。
正是靠这种强大的视力，
鹰、隼和雕可以从数百米的高空发现
地面奔跑的野兔、田鼠甚至小蜥蜴。

变色

由于年龄以及个体之间的差异,
草原雕的体色变化较大,
从淡灰褐色、褐色、棕褐色,
到土褐色、暗褐色都有。

竞争中成长

在育雏阶段,
草原雕亲鸟带回的食物并不充足,
更强壮的雏鸟拥有进食的优先权。
竞争让草原雕种群的
斗争能力和生存能力都很强。

鸟语·语人

向往远方,
期待飞翔,
一天又一天,
盼望长大的童年。

看到这幅图,你想到了什么?

雕鸮

- 鸟纲
- 鸮形目
- 鸱鸮科

观鸟笔记之 雕鸮

悄无声息的"暗夜猎手"——雕鸮

塞罕坝机械林场的最高处是大光顶子山,山上有一个瞭望哨叫"望海楼"。登楼远眺,无边的林海、满眼的绿色,落叶松、樟子松、云杉、油松交织相映,还能观赏到世界上最凶猛的猫头鹰——雕鸮。

雕鸮所属的鸮形目包括130多种鸟,统称为"猫头鹰"。雕鸮和其他所有猫头鹰一样,长着一双炯炯有神的大眼睛,但这大大的眼睛不能转动,所以雕鸮只能通过转动头部来观察周围环境。雕鸮的头部最多可以转动270度,加上眼睛本身的视角,这种猎手几乎具有360度的视野。

雕鸮

雕鸮属夜行猛禽，也可在白天活动。喙坚强而钩曲，尾短圆，胸部体羽多具显著花纹，脚强健有力，爪大而锐，耳羽特别发达，显著突出于头顶两侧，有助于夜间分辨声响与夜间定位，所以雕鸮更喜欢夜晚觅食。

雕鸮飞行时缓慢而无声，具有"超静音"飞行能力。这是因为它飞行时扇动翅膀产生的声波频率无法被一般哺乳动物的耳感知。

作为体形最大、最凶猛的猫头鹰，雕鸮不仅双脚粗壮有力，而且脚上的爪子非常尖利，足有4厘米长，非常便于捕食和攀缘。雕鸮的食物不仅有野兔、鼠类和鸟类，还有刺猬、野猫甚至狐狸等大型兽类。雕鸮还会捕杀其他种类的猫头鹰，可谓是悄无声息的"暗夜猎手"。

白天的时候，雕鸮常藏在人迹罕至的密林中休息。当雕鸮一动不动地缩颈闭目栖于树上时，独特的羽色令它看起来很像一截枯木，与周围环境巧妙地融合在一起。但在休息处周围常会有鼠毛

雕鸮幼鸟

 **鸟类小知识**

为什么鸟睡觉时不会从树上摔下来？鸟腿的屈肌腱让它们弯腿卧在树枝上睡觉时能够自动收缩脚爪，紧紧抓住栖木。

雕鸮幼鸟

和动物骨头等雕鸮不能消化的废弃物,这些被称为"食团"的废弃物不小心暴露了雕鸮的神秘踪迹。

随地区不同,雕鸮的繁殖期也会不同,在塞罕坝为每年的4~7月。雕鸮常营巢于远离人群的树洞或悬崖峭壁下的凹处,每窝产卵2~5枚,以3枚较常见。卵为白色,呈椭圆形。雌鸟负责孵卵,孵化期约35天。孵卵期间,雌鸟不离巢,由雄鸟负责觅食。

拓展阅读——木兰秋狝

"塞罕坝"是蒙汉合璧语，意为"美丽的高岭"。历史上的塞罕坝森林茂密、水草丰沛，辽、金时期称"千里松林"，为辽、金皇帝避暑狩猎之所。清康熙二十年（1681年）设立了皇家猎苑"木兰围场"（满语，意为哨鹿围猎的场所）。

趣味知识点

"雷达锅"

除两只可爱的大眼睛外,
大大的脸盘也是雕鸮的标志。
告诉你个小秘密:
雕鸮的脸其实是个"雷达锅"!
脸上密集的丝状羽毛辐射排列,
有助于收纳声波汇入耳道。

雕鸮幼鸟

干瞪眼

雕鸮有一双橘黄色的眼睛,
又大又圆,
但这双眼睛不能转动,
只会干瞪眼!

捕鼠"专家"

雕鸮拥有非常出色的夜视能力、
粗壮的双脚以及长且尖利的爪子。
无论白天还是夜晚,
被它发现的老鼠几乎无处可逃。
一只雕鸮每年可消灭大约4000只老鼠,
是当之无愧的捕鼠"专家"。

鸟语·语人

世间万物相互依存,
没有大就没有小,
没有小也难称其大。

看到这幅图,你想到了什么?

大天鹅

- 鸟纲
- 雁形目
- 鸭科

听音识鸟

观鸟笔记之 **大天鹅**

飞越世界第一峰的白色精灵——大天鹅

春天的塞罕坝格外明媚，清晨的太阳还没露出地平线时，东方已呈淡粉色，远远望去，就像粉扑扑的丝绒扇面。不一会儿，一轮火红的太阳沾着七星湖的湖水升起在紫褐色的雾霭中。顿时，湖面生辉，布满耀眼的金光，极为壮观。沐浴在这朝阳的余辉中，身心备感温暖愉悦。清澈的湖面映着湛蓝的天，微风轻轻拂过，湖面荡起微波，循着微波向湖中望去，可见一朵朵白色的"云团"，那是一群身着雪白"礼服"的大天鹅。

大天鹅羽毛洁白如雪，体形高大，体长120～160厘米，雌鸟比雄鸟略小。

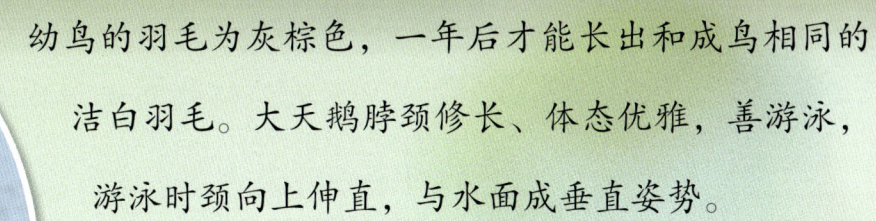

幼鸟的羽毛为灰棕色，一年后才能长出和成鸟相同的洁白羽毛。大天鹅脖颈修长、体态优雅，善游泳，游泳时颈向上伸直，与水面成垂直姿势。

大天鹅是候鸟，迁徙时多以6～20只的小群或家族群为单位，排成"一"字、"人"字或"V"形队伍，每年大约4月到达繁殖地，10月开始分小批陆续飞向南方。

到达繁殖地约2周，大天鹅开始营巢。巢呈圆帽状，主要由干芦苇、枯树枝和苔藓构成，巢内有细软的苔藓和干草茎。雌鸟还会从自己的胸部和腹部拔下绒羽铺在巢内。筑巢过程中，大天鹅警惕性极高，一旦发现不安全因素会立即废弃正在建设的巢穴，另选新址。

 **鸟类小知识**

鸟类没有直肠和膀胱：鸟类在飞行时会随时将粪便排出体外，从而减轻体重，便于飞行。

5月初至5月中旬，雌鸟开始产卵，通常每窝产卵4～5枚，卵为白色或微具黄灰色。孵卵的工作由雌鸟承担，雄鸟负责在巢的附近警戒。发现危险时，雄鸟会高声鸣叫，雌鸟立刻用绒羽和巢边的植物将卵盖起来，然后离巢共同驱敌。

大约经过35天孵化，就能听到壳内一阵阵"吱吱"的叫声和叨壳声，声音逐渐由弱到强。数小时以后，宝宝们相继破壳而出。雏鸟早成性，孵出后不久就能跟随亲鸟出巢觅食。

大天鹅喜欢栖息于开阔的、水生植物繁茂的浅水水域，主要以水生植物的根、茎、叶和种子为食，也吃一些水生昆虫、软体动物等动物性食物。大天鹅主要在早晨和黄昏觅食，栖息地较为固定，如不被干扰，它们通常不换地方。观鸟时，特别是在大天鹅营巢的时期，要注意保持足够的距离。

大天鹅

 **拓展阅读——开围放垦**

清政府为了弥补国库空虚,于同治二年(1863)、光绪二十八年(1902)、光绪三十年(1904)对木兰围场进行了三次大规模开围伐木、垦荒,加之侵略者掠伐、山火不断,到1949年,塞罕坝的原始森林已荡然无存,昔日的美丽高岭变成了风沙漫天、草木凋敝的茫茫荒原。

趣味知识点

飞越世界第一峰

优雅美丽的大天鹅
是世界上飞得最高的鸟类之一,
飞行高度可超过9000米,
能够飞越世界第一峰——珠穆朗玛峰。

一生一世一双鹅

大天鹅是少有的"终身伴侣制"鸟类,
如果一方不幸死亡,
它的伴侣会久久盘桓哀鸣不忍离去。
无论在东方文化还是西方文化中,
大天鹅都是忠诚、高贵的象征。

妈妈的绒羽深深的爱

大天鹅温暖舒适的巢内,
不仅有细软的苔藓、干草茎,
还有大天鹅妈妈
从自己的胸部和腹部拔下的绒羽!
孵卵过程中发现危险时,
大天鹅妈妈也会先用绒羽将卵盖住,
再盖上巢边的植物把卵藏好才离开。

鸟语·语人

羽毛灰灰小丑鸭,
不怕风吹和雨打,
无论道路多坎坷,
总有一天会长大!

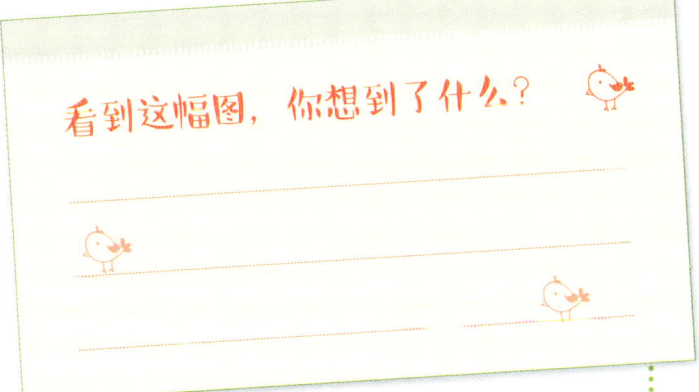

看到这幅图,你想到了什么?

黑鹳

- 鸟纲
- 鹳形目
- 鹳科

听音识鸟

观鸟笔记之 **黑鹳**

鸟中"大熊猫"——黑鹳

蜿蜒曲折的吐力根河像一条玉带飘落在塞外的森林草原之中，水流潺潺，青草随风摇曳，微风轻抚脸颊，给原本燥热的中午增添了些许凉意。远处河岸上有两只鸟，在不同角度光线照射下，身上的羽毛变幻出多种颜色，有翡翠般的绿、麦穗般的黄，还有风铃草般的蓝……

这两只身披幻彩外衣的鸟是一对黑鹳夫妇。它们时而将嘴埋入河中，寻找鱼虾；时而观察四周，停歇警戒；时而嬉戏，不时地快速叩击上下喙，发出"嗒嗒嗒"的响声，似乎是在互相交流。红色且粗壮的嘴和眼部周围裸露的红色皮肤，令它们像极了"红脸关公"。

黑鹳是一种大型涉禽，成鸟体长1～1.2米。体态优美，体色鲜明，雌雄相似，嘴长而直，尾较圆，脚甚长，头、颈、上体和上胸黑色，颈具辉亮的绿色光泽，前颈下部羽毛延长，形成蓬松的颈领。

黑鹳的繁殖期为每年的4～7月，常营巢于偏僻地区，如悬崖峭壁的凹处、浅洞处或高大的胡杨树上，远离人类干扰。巢呈盘状，主要由干树枝筑成，内垫苔藓、树叶、干草、兽毛等。

每窝产卵3～5枚，第一枚卵产出后即开始由雌雄亲鸟轮流孵化。通常一鸟孵卵时，

 鸟类小知识

亚成鸟：一些鸟类在个体发育过程中，要经历一个幼体时期后、成体时期前的阶段，和成鸟相比，一些鸟类的亚成鸟外观有明显区别，一些区别不大。

另一鸟在巢边守卫。后期主要由雌鸟孵卵，不再轮换。大约经过一个月，雏鸟就会破壳而出。刚出生的雏鸟全身被有白色绒羽，可爱极了。

雌雄亲鸟共同育雏，通常是一只外出觅食，另一只留在巢中驻守。幼鸟长大食量增加后，亲鸟会同时外出觅食。约70天后，幼鸟可以离巢，跟随成鸟学习觅食和飞翔本能了。

黑鹳善飞行，飞行时头颈向前伸直，双腿并拢，远远伸出于尾后；休息时，常单腿或双腿站立于水边沙滩或草地上，缩脖成驼背状。黑鹳不善鸣叫，活动时悄然无声，听觉、视觉均很发达，性机警、胆小，不喜人类骚扰，观察时要注意保持合适的距离。

黑鹳曾经分布较广，较常见，但目前种群数量在全球范围内明显减少，珍稀程度不亚于大熊猫，在我国被列为一级保护动物。

黑鹳亚成鸟

拓展阅读——风沙南侵

与北京直线距离仅 180 千米的浑善达克沙地，平均海拔 1400 米左右，而北京市城区平均海拔 40 多米。有人形象地说，如果这块离北京最近的沙源挡不住，就形同"站在屋顶上向院里扬沙"。面对"风沙紧逼北京城"的严峻形势，为保持水土，治理京津地带风沙灾害，国家决定在河北北部地区建立大型国有林场。

趣味知识点

不善鸣叫

人们常用"叽叽喳喳"形容鸟叫，
但黑鹳是一种不善鸣叫的鸟，
经常悄然无声地活动。
它们听觉、视觉都很发达，
人还离得很远就能察觉。

"助跑"起飞

黑鹳有非凡的飞行能力，
可以在浓密的林中自由穿行，
但起飞前需要在地面奔跑一段距离，
通过扇翅"助跑"获得一定的上升力。

"捞鱼鹳"

黑鹳长着长而粗壮的嘴，
爱吃鱼也善于捕鱼，
也被称为"捞鱼鹳"。

鸟语·语人

闲暇时看看天，
真的很美好，
不惧前路漫漫，
一步步定能走完。

看到这幅图，你想到了什么？

蓑羽鹤

- 鸟纲
- 鹤形目
- 鹤科

听音识鸟

观鸟笔记之 **蓑羽鹤**

一蓑烟雨任平生——蓑羽鹤

有一种鸟，每年迁徙季都要成群结队飞越喜马拉雅山脉，遇到风暴和寒流时，它们就不得不一次次原路折返，等待时机。此等无惧无畏挑战极限的气魄不禁让人想起苏东坡的名句：竹杖芒鞋轻胜马，谁怕？一蓑烟雨任平生！

这种鸟就是蓑羽鹤，它们一身柔顺的羽毛仿佛披着一件蓑衣，眼后一簇白色耳羽透出几分高贵。外表纤柔的蓑羽鹤有着顽强的意志，可以穿越严寒，跨越难关。蓑羽鹤是鹤类中最小的一种，体长70～80厘米，一般不和其他鹤类合群，性格羞怯，举止娴雅，也被称作"闺秀鹤"。

蓑羽鹤为高原、草原、沼泽、半荒漠及寒冷荒漠栖息鸟种，通常不营巢，直接在羊草草甸中裸露而干燥的盐碱地上产卵。每年繁殖1窝，每窝通常产卵2枚。卵为椭圆形，淡紫色或粉白色，具深紫褐色斑。雌雄亲鸟共同承担孵化任务，孵化期约30天。

雏鸟早成性，出壳后不久就能站立或行走，但要两个月后才能飞翔。育雏的工作主要由雌鸟完成。这段时间，能在草原或沼泽处观察到成鸟带着幼鸟边走边觅食。

除繁殖期成对活动外，蓑羽鹤多呈家族或小群活动，有较固定的觅食路线和领域。遇到危险的时候，蓑羽鹤会联合起来，集体防御，鸣叫着展翅或飞起俯冲以警告敌人。

蓑羽鹤的食物有各种小型鱼类、虾、蛙、蝌蚪、水生昆虫、植物嫩芽、叶、草籽等，还会吃玉米、小麦等农作物。在迁徙过程中，常能观察到蓑羽鹤在农田休息，

 **鸟类小知识**

候鸟：随季节不同进行周期性迁徙的鸟类。

吃植物根茎、种子及庄稼收获后剩余的谷粒等。

误食拌有农药的种子，可能给蓑羽鹤带来灭顶之灾。保护蓑羽鹤，也应探究如何科学解决它们同农业耕种之间的矛盾和冲突。

家住塞罕坝

蓑羽鹤

拓展阅读——功勋树

　　1961年，时任林业部国营林场管理总局副局长带领有关人员先后三次到塞罕坝踏勘选址。11月，考察组在冰天雪地的坝上，远远地望见了一棵孤独的落叶松，走近一看，惊叹不已。考察组人员抚摸着树干动情地说："这棵松树少说有150多年，它是历史的见证、活的标本，证明塞罕坝可以长出参天大树。今天有一棵松，明天就会有亿万棵松。"这一棵松，坚定了国家在塞罕坝选址建场的决心和信心，成了塞罕坝人心中的功勋树。

 **趣味知识点**

"白眉大侠"

蓑羽鹤喉部和前颈羽毛悬垂于前胸，
眼后有一明显的束状白色耳簇羽，
看起来飘逸潇洒、超然卓绝，
十足的"白眉大侠"啊！

"大家闺秀"

蓑羽鹤是鹤类中最小的一种，
身披优雅的蓝灰色外衣，
生性羞怯喜独处，
一般不和其他鹤类合群，
文静娴雅如"大家闺秀"一般。

心态决定成功

蓑羽鹤为抵达越冬场所,
每年都要飞越珠穆朗玛峰。
强大的内心力量不禁让人联想:
一个人的成功并非由其他因素决定,
而是由他的心态所致。

鸟语·语人

幸福就是这么简单,
有爸爸,有妈妈,
还有爱我的姐姐,
一家人在一起快乐相伴。

看到这幅图,你想到了什么?

黑水鸡

- 鸟纲
- 鹤形目
- 秧鸡科

听音识鸟

观鸟笔记之 **黑水鸡**

爱潜水的"小红帽"——黑水鸡

宁静的早晨是美好一天的开始,在塞罕坝的林荫路上漫步,空气中氤氲的富氧让人忍不住多做几个深呼吸。在这里,遇到小溪或水渠时要放轻脚步——仔细观察,经常能看到几只全身黑褐色、头顶一片红的鸟,在岸上像鸡,在水中像鸭,远看还像黑天鹅。它们就是黑水鸡,也被称为"红骨顶"。

黑水鸡是中型涉禽,体长24~35厘米,鼻孔狭长,头具红色"鸡冠"状额甲,嘴基部为红色,尖端黄色,足黄绿色,脚趾较长,脚上部有醒目的鲜红色环带。雌雄相近,雄性体形较雌性略大,额甲面积更大、颜色更红。

黑水鸡的名字里有"水",生活中也的确离不开水,善游泳和潜水,能长时间潜入水中,只将鼻孔露出水面呼吸。游泳时,身体浮出水面很高,尾常垂直竖起并频频摆动,露出尾后两团白斑,很远就能看见。

除非遇到危急情况,黑水鸡一般不起飞,特别是不做远距离飞行。它们常紧贴水面飞行,速度缓慢,且飞不太远就会落入水面或水草丛中。起飞前,需要先助跑很长一段距离。

繁殖期为每年的4～7月,巢呈杯碟状,主要由枯芦苇和草构成,内垫芦苇叶和草叶。有的巢紧贴水面,但并不是浮巢,而是由贴着水面弯折的芦苇做巢基堆集而成。通常每天产卵1枚,每窝产卵8～10枚,卵为浅灰白色、乳白色或赭褐色,被红褐

黑水鸡亚成鸟

 **鸟类小知识**

生态指示种:鸟类对生态环境的变化非常敏感,所以科学家常把鸟类作为衡量一个地区生态环境质量的指示种。

黑水鸡幼鸟　　　　　　　　　黑水鸡亚成鸟　　　　　　　　　黑水鸡亚成鸟

色斑点。雌雄亲鸟轮流孵卵，孵化期约20天。孵化期间，亲鸟还会不断衔草来固巢。

黑水鸡不喜欢开阔的场所，偏好有树木或挺水植物遮蔽的水域，主要以昆虫、小鱼虾和水草为食。常成对或成小群觅食，边游泳边啄食水生植物叶和茎上的昆虫，也在水边浅水处和草地上觅食。

家住塞罕坝
黑水鸡

拓展阅读—— 响应号召

1962年，来自全国18个省、市的127名农林专业的大中专毕业生，听从党的召唤，响应国家号召，满怀青春激情，奔赴塞罕坝，与原有3个林场的242名干部职工，组成了369人的创业队伍，拉开了塞罕坝机械林场建设的大幕。

趣味知识点

"大宝带小宝"

大部分的黑水鸡每年会繁殖 2 次，
甚至有繁殖 3 次的情况，
第一窝幼鸟离巢后还会在亲鸟巢区内活动，
甚至帮助父母照顾下一窝幼鸟，
这样"大宝带小宝"的行为是鸟类少有的。

黑水鸡亚成鸟

"一品大员"

红顶子是清代官帽特有的款式，
亮红色一般只有一品大员才能使用。
黑水鸡头顶鲜红色的"额甲"，
应该是鸟中"一品大员"吧！

骨顶鸡

骨顶鸡是黑水鸡的"亲戚",
在塞罕坝地区也很常见。
骨顶鸡体色为灰黑色,
具明显的白色额甲。

骨顶鸡

鸟语·语人

妈妈关切的目光,
在我心中注入了
振奋的力量,
鼓励我勇敢去远方!

看到这幅图,你想到了什么?

反嘴鹬

- 鸟纲
- 鸻形目
- 反嘴鹬科

听音识鸟

观鸟笔记之 **反嘴鹬**

"翘嘴小精灵"——反嘴鹬

  鸟是大自然的精灵，是人类的好朋友，也是生态环境质量的指示生物。塞罕坝机械林场造林护林使得山更青、水更绿，吸引了越来越多的鸟来到这里繁衍生息。在塞罕坝可以观察到一种特别的鸟，长着尖尖的、上翘的嘴。是嘴巴长反了？不是！是不开心啦？也不是！它们就是"翘嘴小精灵"——反嘴鹬。

  反嘴鹬是中型涉禽，体长40～50厘米，上翘的嘴很像孩童生气时撅起的嘴，可爱又呆萌。反嘴鹬喜欢在浅水区"遛弯"，边走边用长长的嘴不停

反嘴鹬

地在水中或稀泥里左右来回扫动，寻找美食，上翘的嘴让它们更容易"浑水摸鱼"，像挖沙船一样挖掘食物、过滤泥沙。它们步伐缓慢、稳健，看起来非常淡定、自信。

除了在浅水处和烂泥地上觅食，反嘴鹬也会边游泳边觅食。

波光粼粼的水面配上黑白分明的羽毛，就是一幅绝美水墨丹青！

反嘴鹬雌雄相似，有一从眼下到后枕再弯下后颈的黑色帽状斑，翅尖和翅上有黑色宽带，体羽其他部位为白色，脚长，趾间有蹼，善游泳。观察时需要注意的是，幼鸟和成鸟虽然相似，但幼鸟黑色部分尚为暗褐色或灰褐色，白色部分尚有暗褐色或皮黄色斑点。

 **鸟类小知识**

鹬：中小型涉禽，羽毛多为灰、褐色，不艳丽，多在地面营巢。

反嘴鹬常栖息于海岸边以及河流、湖泊等水域，飞行时快速振翅，可长距离滑翔。迁徙时集群，有时可集结成上万只的大群，场面极为壮观。

繁殖期为5～7月，常营巢于水域附近的盐碱地或沙质湖岸的凹坑内，集群筑巢，巢内基本没有内垫物，仅有几根枯草。通常每窝产卵4枚，孵化期为22～24天。雏鸟早成性，出生后24小时就可以离巢，排成一队跟随亲鸟行走、游泳、潜水、觅食。

反嘴鹬在繁殖期有极强的护巢行为，发现入侵者会群体起飞，在入侵者头顶上空不停地鸣叫，直至把入侵者驱离。靠着"镰刀"似的嘴巴，反嘴鹬还能驱赶狐狸等体形比它们大好多的动物！

拓展阅读——艰苦创业

塞罕坝的气候非常恶劣，据林场老职工回忆："冬季是最难熬的，气温零下40多度，滴水成冰，每天早上都会刮白毛风，几乎天天下雪，雪深没腰，所有的道路都被大雪覆盖，我们与外界的联系几乎中断。晚上睡觉要戴上皮帽子，早上起来，眉毛、帽子和被子上会落下一层霜，铺的毡子全冻在了炕上，想卷起来得用铁锹慢慢地铲。"

趣味知识点

变声

为了躲避天敌，反嘴鹬会发出一串变换声调的声音迷惑敌人，让敌人误认为它们已经快速飞远了。

"拦网"

反嘴鹬集体觅食时，会排成一排齐头并进，像渔民拦鱼的网一样，水中的鱼虾很难逃掉。

特有

涉禽的嘴通常是直直、长长的，
像黑鹳那样，
很少见嘴巴向上弯曲的鸟。

鸟语·语人

青春美在英姿飒爽，
青春美在意气风发，
青春回眸处，
浅笑间芬芳了年华。

看到这幅图，你想到了什么？

灰头麦鸡

- 鸟纲
- 鸻形目
- 鸻科

听音识鸟

观鸟笔记之 **灰头麦鸡**

是鸡？不是"鸡"！——灰头麦鸡

塞罕坝是技法高超的"魔术师"，当你走进绿色草原，就能给你变幻出一片五彩斑斓的花海，一群可爱的精灵给这片五花草甸更添了几分生机。它们或翱翔天空，或漫步草甸休憩觅食。它们是一群灰头麦鸡。

虽然名字里有个"鸡"字，但麦鸡和家鸡没什么关系。灰头麦鸡是鸻形目麦鸡属鸟类，中型水鸟，体长约35厘米。它们全身呈灰褐色，双翅的翅尖呈黑色，腹下羽毛洁白无暇，双腿修长，亭亭玉立，两只眼睛又亮又圆，长长的嘴巴呈黄色，嘴尖有一抹黑色，外形十分漂亮。

灰头麦鸡常栖息于平原草地、沼泽、湖畔、水塘及农田地带，有时也出现在低山丘陵地区溪流两岸的稻田或湿草地上，最喜欢的食物是甲虫、蚱蜢，也吃水蛭、蚯蚓、螺等动物以及植物的叶和种子。

灰头麦鸡喜欢长时间站在水边的草地或田埂上休息，性机警，发现危险会立即飞走，但飞行速度较慢。常成对或成小群活动，群体从10只到100只不等。朝阳初升后和夕阳西下前最为活跃，每到此时，灰头麦鸡会集结好队伍，成群在空中翩翩飞翔，边飞边叫。

繁殖期为每年的5～7月，巢很简陋，仅为一浅浅的凹坑。通常每窝产卵4枚，

鸟类小知识

雏鸟在蛋壳里会憋死吗？不会，看似坚硬的蛋壳并非"铁板一块"，表面有大量微小的气孔。

卵为梨形或尖卵圆形，颜色为米灰色、黄绿色或土黄色，被有黑褐色斑点。雌雄亲鸟轮流孵卵，孵化期 27～30 天。雏鸟早成性，孵出后的第 2 天就能行走，跟随亲鸟活动、觅食。

灰头麦鸡在不同情况下会发出不同的叫声，正常飞行时为尖尖的声音，一旦发现危险，发出的警告声不仅响亮还有点悲凉。

麦鸡属还有一种常见麦鸡叫凤头麦鸡，常和灰头麦鸡一起活动，二者很容易分辨。凤头麦鸡头顶具细长且稍向前弯的黑色冠羽，像"天线"一样。

凤头麦鸡

拓展阅读——攻克难关

因缺乏在高寒、高海拔地区造林的经验，1962年、1963年林场连续两年造林失败，动摇了大家的信心。关键时刻，几位林场领导把家搬到塞罕坝，破釜沉舟，以定军心。他们带领创业者们通过反复实验，终于攻克了造林技术难关，提高了造林质量与速度。

趣味知识点

"糊弄冠军"

如果鸟类举办筑巢大赛,
灰头麦鸡一定能得个"糊弄冠军",
在开阔的裸地找个浅浅的凹坑,
随便叼点草茎和草叶往里一丢,
巢就建造完成了。
有时连这点少得可怜的装饰都没有,
直接在浅坑里产卵。

散文诗

朝阳初升和夕阳西下时,
灰头麦鸡喜欢在空中翩翩飞舞,
不时做出上下翻飞的动作"炫技",
盘旋一会儿再缓缓落下,
如同一首散文诗,
既优雅舒缓又豪放洒脱。

出去拉便便

灰头麦鸡宝宝离巢后还常常
到亲鸟的怀里休息或躲避天敌。
它们拉便便的时候会走出去,
拉完便便再钻回来,
是超级讲卫生的乖宝宝!

是鸡?不是"鸡"!

虽然名字里有个"鸡"字,
但麦鸡和家禽鸡没什么关系。
麦鸡是鸻形目鸻科麦鸡属的鸟类,
家禽鸡是鸡形目雉科原鸡属的鸟类。

鸟语·语人

孩子迈着轻快的步伐渐渐远去,
留下越来越小的背影……
爸爸眼里是满满的不舍和惦念,
妈妈抬起腿,多想跟过去……

看到这幅图,你想到了什么?

- 鸟纲
- 鸻形目
- 鸻科

观鸟笔记之 **金眶鸻**

"鸟生"如戏，全靠"演技"——金眶鸻

在机械林场建设者的努力下，塞罕坝地区的森林覆盖率越来越高，湖水变得越来越清，湖面也越来越大。漫步浅滩，可以看到大天鹅、野鸭等水鸟在水面嬉戏、在空中飞舞，令人赏心悦目！有时，还能听到一种单调而细弱的叫声，循声寻找，能观察到一种戴"金丝眼镜"的小鸟，正在水边沙石地上边走边觅食，它们是金眶鸻。

金眶鸻属小型涉禽，体长约16厘米，上体沙褐色，下体白色，有明显的白色领圈，额头中央有白斑，鲜明的金色眼眶很明显。

金眶鸻常栖息于湖泊沿岸、河滩或水稻田边，行走速度很快，急速奔走一段距离后会稍微停一停，再继续前行。它们主要以昆虫为食，也吃植物的种子。

繁殖期在每年的5～7月，巢很简陋。亲鸟在沙地上刨出一个简单的圆形凹坑，几乎没有巢材，最多垫一点枯草，也会直接在地面砂砾较多处或自然凹窝的地方产卵。

每窝产卵3～5枚，卵为梨形，沙黄色或鸭蛋绿色，被有褐色斑点。雌鸟负责孵卵，雄鸟守卫。孵化期24～26天。

雏鸟早成性，出壳后不久就能行走，不到1个月就能随亲鸟飞行。金眶鸻幼鸟的颜色和周围环境极为相似，是很好的保护色。遇到危险时，幼鸟一动不动，很难被发现。

 **鸟类小知识**

鸻：多生活在水边、沼泽和海岸的涉禽，嘴短而直，体形较小，翅膀的羽毛较长。

当发现捕食者靠近巢时，金眶鸻会使出它们的绝招——"拟伤"。亲鸟假装折了一只翅膀卧在地上，拍打另一只翅膀，朝着远离巢区和幼鸟的方向"扑腾"，仿佛在说："看，我受伤了，我飞不动了，来抓我呀！"以此吸引捕食者的注意力，把捕食者引开。

"拟伤"就是模拟受伤的样子，是在地面营巢的鸟类常见的护巢行为。和金眶鸻同属鸻科的环颈鸻也会使用这个"绝招"。瞧，这就是环颈鸻，脖子上的一圈白色羽毛多像一条白围脖！

爱子心切的亲鸟不惜冒着生命危险与天敌斗智斗勇，让我们不禁心生敬畏。父母的爱就是这样忘我，这样伟大！

金眶鸻亚成鸟

环颈鸻

拓展阅读——马蹄坑大会战

1964 年，塞罕坝机械林场开展了提振士气的"马蹄坑大会战"。林场挑选了 120 名精兵强将，调集了最精良的装备，一次造林 34.4 公顷，造林成活率超过 90%。"马蹄坑大会战"的成功，开创了国内使用机械成功栽植针叶树的先河，坚定了塞罕坝人的创业决心。

趣味知识点

"军事专家"

金眶鸻发现危险时，
会假装受伤把捕食者引开，
"调虎离山"计手到擒来。
它们还善于"瞒天过海"，
卵像极了沙滩或沙地上的鹅卵石，
幼鸟的颜色也和周围环境非常相似，
不仔细看根本发现不了。
真是鸟届的"军事专家"啊！

环颈鸻

怪物

金眶鸻和环颈鸻的幼鸟遇到危险时，
绝招都是"一动不动"。
亲鸟如果在身边，
就会把幼鸟护在身体下面，
用翅膀和腹部的绒毛遮住小宝宝们，
只露出一堆小腿儿，
让敌人疑惑这是什么"怪物"！

"斯文"

金眶鸻戴着"金丝眼镜",
看起来斯斯文文的,
甚至还有点柔弱,
其实它们行走速度很快,
可以说是足下生风!

鸟语·语人

为了更好养育我们,
妈妈经常唠叨爸爸,
看看爸爸无奈的样子,
哎!我要加油,早日长大!

看到这幅图,你想到了什么?

灰喜鹊

- 鸟纲
- 雀形目
- 鸦科

听音识鸟

观鸟笔记之 **灰喜鹊**

松毛虫哪里逃——灰喜鹊

清晨,燕子在空中轻快地飞舞,鸭子在水里"嘎嘎"地欢叫。风儿吹过野花,花儿摇摇,清香四溢;风儿穿过松林,松涛阵阵,绿海波涌。尚海纪念林里有灰喜鹊一家,雌鸟卧在浅盘样的巢里,雏鸟大声地叫着。不一会儿,雄鸟衔着食物回到巢边,雌鸟接过喂给雏鸟,温馨的场面真感人!

灰喜鹊是雀形目鸟类,体长30～40厘米,顶冠、耳羽及后枕为黑色,虹膜褐色,嘴和脚为黑色,翅和尾皆呈天蓝色,尾长,外侧尾羽不及中央尾羽的一半。

灰喜鹊常栖息于开阔的松林及阔叶林里，主要以松毛虫、金龟子等昆虫为食，兼食一些植物的果实和种子。灰喜鹊捕食的昆虫多为害虫。特别是松毛虫，仗着一身毒毛肆无忌惮，几天时间就能把一棵松树啃得只剩枝干。但灰喜鹊不仅不怕它的毒毛，还能把藏在茧里的松毛虫蛹找出来吃掉，让松毛虫无处可逃！

灰喜鹊是留鸟，除繁殖期成对活动外，多成小群活动，也集数十只的大群。灰喜鹊飞行迅速，但不做长距离飞行，也不在一个地方久留，喜欢"游击式"活动，常在林间跳上跳下、飞来飞去，边飞行边不停鸣叫。

雌鸟和雄鸟共同营巢，巢较为简陋，主要由细的枯枝堆集而成，夹杂有草茎、草叶，内垫树叶、麻线和各种兽毛。没等巢彻底建造完成，雌鸟就迫不及待开始产卵。卵为椭圆形，呈灰色、灰白色、浅绿色或灰绿色，满布褐色斑点。

鸟类小知识

留鸟：指不随季节迁徙，终年栖息于一个地区的鸟类，如灰喜鹊、麻雀、珠颈斑鸠等。

雌鸟负责孵卵，雄鸟在巢附近警戒，约15天雏鸟出壳。雏鸟晚成性，刚出生时全身裸露，几乎没有羽毛，由亲鸟共同哺育。灰喜鹊领地意识很强，繁殖期的灰喜鹊为了保护雏鸟会更加凶猛，更有攻击性。

喜鹊和灰喜鹊一样，有长长的尾羽。喜鹊比灰喜鹊略大，体色主要为黑白两色。它们的运动方式不同：喜鹊常在地上行走，偶尔跳跃前行；而灰喜鹊会像麻雀一样在地上跳跃，很少走步。

喜鹊

喜鹊

灰喜鹊亚成鸟

拓展阅读——尚海纪念林

　　王尚海是塞罕坝机械林场第一任党委书记。1962年他只身来到塞罕坝,而后又把妻子和5个孩子从承德市带到了这里。他曾说:"生是塞罕坝人,死是塞罕坝魂。"1989年,遵从老书记王尚海的遗愿,人们把他的骨灰撒在了马蹄坑林区。伴他长眠的那片落叶松林,被称为"尚海纪念林"。如今,"尚海纪念林"已经成为塞罕坝人永久的精神家园。

趣味知识点

"灭虫高手"

灰喜鹊是著名的益鸟,一只灰喜鹊一年可以消灭大约 15000 条松毛虫,还会吃蝗虫、甲虫等害虫,是当之无愧的"灭虫高手"。

灰喜鹊亚成鸟

迷迷糊糊的爸妈

灰喜鹊认不清自己的宝宝,对放进巢穴的其他鸟类宝宝,也像对自己的孩子一样全心哺育。虽然迷糊但尽职尽责,可敬又可爱!

攻击性强

灰喜鹊和喜鹊一样，
都是极具攻击性的鸟类，
一旦认为受到侵扰，
会毫不犹豫发起攻击。

鸟语·语人

喜鹊说，
原来世界不是非黑即白，
还有深深浅浅的灰
和浓浓淡淡的蓝……

世界不是非黑即白，
还有深深浅浅的灰……

看到这幅图，你想到了什么？

松鸦

- 鸟纲
- 雀形目
- 鸦科

听音识鸟

观鸟笔记之 松鸦

爱存粮的"小聪明"——松鸦

塞罕坝机械林场的创业者从祖国的大江南北来到塞北高原,在"黄沙遮天日,飞鸟无栖树"的荒漠沙地上种下一棵棵落叶松、樟子松、云杉……创造了荒原变林海的人间奇迹。从黄沙漫天到碧波万顷,塞罕坝现在优美的环境吸引了众多鸟类来这里安家落户。今天我们一起去拜访爱存粮的"小聪明"——松鸦。

松鸦体长约30厘米,整体近紫红褐色,翅短、尾长,羽毛蓬松呈绒毛状,嘴黑色,爪黑褐色。头顶有羽冠,遇到刺激能竖直起来。尾和翅黑色,翅上

有辉亮的黑、白、蓝三色相间的横斑,极为醒目。

松鸦是留鸟,常栖息于针叶林和阔叶林或针阔叶混交林中,在一定范围内游荡。每年3月左右,积雪还没有完全融化,略显荒芜的林间就能观察到三五成群的松鸦,在树丛间追逐着、欢叫着,翅上的三色横斑在阳光照射下变幻出耀眼的光芒。

松鸦4月末5月初开始营巢,巢呈杯状,在针叶林茂密的树杈上,由几根较粗的松树枝条为主要支架,里面铺有柔软的小枝条、茅草以及雌鸟从胸部拔下来的柔软羽毛。

松鸦每年繁殖一窝,每窝产卵5～8枚。卵为灰蓝色、绿色或灰黄色,被紫褐、灰褐或黄褐色斑点。雌鸟负责孵卵,雄鸟负责觅食和保卫,半个多月后,雏鸟"出世"。雏鸟晚成性,由亲鸟共同哺育约20天,小松鸦就可以跟随父母闯荡"江湖"啦。

鸟类小知识

鸦科鸟类为什么聪明?鸦科鸟类大脑的神经元与拥有类似大小大脑的动物相比更加密集,所以智商更高。

松鸦的食谱很"时尚",到什么季节换什么食物,春夏以昆虫为主,秋冬以松果、草籽为主。吃不完的食物,它们还会存起来。松鸦叫声特别,"嘎——嘎——嘎",前面的声调尾音拉得很长,后面的声调气短。

松鸦

拓展阅读——战胜灾害

　　1977年10月27日至28日，林场遭遇了罕见的雨凇灾害，38000公顷林地受灾，超过13000公顷树木一夜之间被压弯、压折，十多年的造林成果损失过半。1980年，林场又遭遇了百年不遇的大旱，8000公顷落叶松受灾死亡。塞罕坝人没有被灾害击垮，他们依靠自己的双手，重新造林，从头再来。

趣味知识点

爱储藏

松鸦不仅捕食森林害虫,
还有储藏种子的习性,
对植物种子的传播很有益处,
是名副其实的"森林卫士"。

小聪明

松鸦是最聪明的鸟类之一,
善于模仿其他鸟兽的鸣叫,
甚至能学习猛禽的叫声,
吓唬白天正睡大觉的猫头鹰呢!

脾气倔

松鸦不怕人，
被喂过几次后再听到呼唤，
会毫不犹豫地飞过来啄食。
但千万别想圈养它，
松鸦脾气又大又倔，
会千方百计逃跑甚至伤害自己。

鸟语·语人

又长又短的回家路，
短的是时间，
长的是期盼。

看到这幅图，你想到了什么？

达乌里寒鸦

- 鸟纲
- 雀形目
- 鸦科

听音识鸟

观鸟笔记之 达乌里寒鸦

"大自然的清洁工"——达乌里寒鸦

塞罕坝机械林场是国家级自然保护区,有"华北绿宝石"之称。这里也是鸟儿的天堂,它们有的在湖面盘旋,有的在湖边觅食,有的在湖畔的树丛中嬉戏……突然,两只黑白相间的鸟划过天空,边飞边发出尖细而短促的叫声,落在不远处的杨树上。它们身披一身黑白分明的"熊猫服",神采奕奕地站在树梢上,是达乌里寒鸦。

"达乌里"也被写为"达乌尔"或"达斡尔"等,指的是贝加尔湖以东地区,那里是达乌里寒鸦标本的最初采集地,也是达乌里寒鸦的主要繁殖地。

达乌里寒鸦是一种小型鸦科鸟类，体长 30～35 厘米，雌雄鸟羽色相似，为黑色具紫蓝色金属光泽，嘴、脚也为黑色。最明显的是它们后颈宽阔的白色颈圈，向两侧一直延伸到胸部和腹部。

达乌里寒鸦是杂食性鸟类，主要吃甲虫、蝼蛄等昆虫以及植物的果实和种子。它们常在地面觅食，胆大不怕人，有时会跟在农民的犁头后面觅食。由于达乌里寒鸦会大量啄食垃圾和腐肉，也被称为"大自然的清洁工"。

达乌里寒鸦亚成鸟

 **鸟类小知识**

国家"三有"保护鸟类：是指被列入《国家保护的有益的或者有重要经济、科学研究价值的陆生野生动物名录》的鸟类。

达乌里寒鸦喜成群活动，也和其他鸦混群活动，叫声短促、尖锐、单调，常边飞边叫。冬季可组成几十只至数百只，最多可达数万只的集群飞过天空，甚为壮观。

繁殖期为每年4~6月，常营巢于崖壁的洞穴中，也在树洞和高大建筑物的屋檐下筑巢。巢的外层为枯枝，内层为树皮、棉花、兽毛等柔软材料。每年繁殖1窝，每窝产卵4~8枚，卵为蓝绿色、淡青白色或淡蓝色，被有大小不等、形状不一的紫色或暗褐色斑点。经20天左右的孵化，雏鸟破壳而出。

小嘴乌鸦

拓展阅读——荒原披绿

　　半个多世纪以来，几代塞罕坝人在极其恶劣的自然环境中，一代接着一代干、一张蓝图绘到底，实现了生态环境的根本性改变。截至 2020 年年底，全场有林地面积超 76000 公顷，森林覆盖率达到 82%，林木总蓄积量达到 1036 万立方米，森林资源总价值约 206 亿元。

趣味知识点

变色

达乌里寒鸦宝宝的体色接近纯黑,要到第二年春末才会逐渐换成和爸爸妈妈一样的"熊猫色"。

乌鸦反哺

成语"乌鸦反哺"
讲了老乌鸦不能外出觅食时,
长大的乌鸦会将食物喂到老乌鸦口中,
以回报父母养育之恩的故事。

"黑色迷雾"

达乌里寒鸦冬季常集大群活动，
数万只达乌里寒鸦从天空飞过时，
需要半小时甚至一小时，
像一大团会"啊——啊——"叫的黑雾，
那场面既震撼又神秘。

聪明"鸦"

说到"鸦"就会想到乌鸦，
鸦科鸟类可不都是黑乎乎的，
除了黑白相间的达乌里寒鸦，
还有体羽艳丽的红嘴蓝鹊呢！
鸦科鸟类都很聪明，
达乌里寒鸦当然也不例外。

鸟语·语人

如果一只鸟
能观察落叶、枯枝，
从细微处感知四季轮回，
那生活就不能将它怎样！

看到这幅图，你想到了什么？

褐柳莺

- 鸟纲
- 雀形目
- 柳莺科

听音识鸟

观鸟笔记之 褐柳莺

小小的"小小歌唱家"——褐柳莺

清晨的阳光穿过树林洒在林场外缘的林荫路上,沿着沾满露水的小路缓步前行,清新的空气令人心旷神怡。远远传来"欺、欺、欺——"的鸟鸣,顺着声音寻过去,一只褐柳莺正站在枝头仿佛一个"骄傲的歌唱家"大声鸣唱。稍稍靠近,它立刻就藏到了灌丛中。

褐柳莺是小型鸣禽,体长只有11~12厘米,外形圆圆的,翅又短又圆,尾也是圆的,上体灰褐色,虹膜褐色,具棕白色鲜亮眉纹。褐柳莺体形虽小却有大能量,常站在灌木枝头放声歌唱,发出一连串响亮单调的清晰哨音,然后以颤音结尾。

褐柳莺活泼爱动，常单独或成对活动，在林间枝头跳来跳去、跳上跳下，动作轻盈，同时伴随着近似"嘎叭、嘎叭"或"嗒、嗒、嗒"的叫声，很像摩擦石子的声音，所以又被称为"嘎叭嘴"或"达达跳"。

在塞罕坝地区，褐柳莺为夏候鸟，一般每年5月初开始迁来，9月末10月初开始迁离，繁殖期为5～7月，常在林下或林缘与溪边距地面高0.27～0.7米的灌木丛中营巢。巢呈球形，巢口为圆形，开在侧面近顶端处。每窝产卵4～6枚，卵为白色。

雌鸟产下最后1枚卵后开始孵卵，孵化期为13～15天。雏鸟晚成性，刚出生的雏鸟眼睛还睁不开，由雌雄亲鸟共同哺育15～16天后，才可以离巢。

鸟类小知识

鸣禽：多数为小型鸟类，善于鸣叫，有结构复杂的鸣管，嘴小而强，喜欢树栖生活。

褐柳莺主要以昆虫为食,不喜欢茂密的深林,喜欢稀疏开阔的阔叶林、针阔叶混交林和针叶林林缘。非繁殖期间,在农田、果园等地的小块林丛内也能观察到。

拓展阅读——攻坚造林

林场的造林脚步从未停止。近几年，塞罕坝机械林场实施了攻坚造林工程。在建场以来多次造林难以成活和从未涉足的荒山沙地、贫瘠山地等"硬骨头"地块，通过采取客土、浇水、覆土防风、覆膜保水等超常规举措，造林成活率和保存率分别达到98.9%和92.2%的历史最高值。

趣味知识点

比麻雀还小

说到小鸟我们常想到麻雀,
褐柳莺比麻雀还要小。
麻雀体长 13～15 厘米,
而褐柳莺体长只有 11～12 厘米。

小巧嘴细长腿

细细小小嘴,
细细长长腿,
活泼好动爱唱歌,
是褐柳莺的三大显著特点。

研究热点

鸣叫声是鸟类重要的通信方式，
包含丰富的信息，
是鸟类行为研究的热点领域。
褐柳莺鸣叫声嘹亮、清脆，
很适合作为研究对象。

"小莺"难辨

柳莺科鸟类大多外形相似，
动作迅捷，善隐匿，
需结合生境、行为、叫声等
多方面因素才能分辨，
往往令初学观鸟者望而却步。

鸟语·语人

喜欢听柳莺啼鸣，
轻风中漫过山径。
和谐共生的世界，
能给人温暖、力量和安宁！

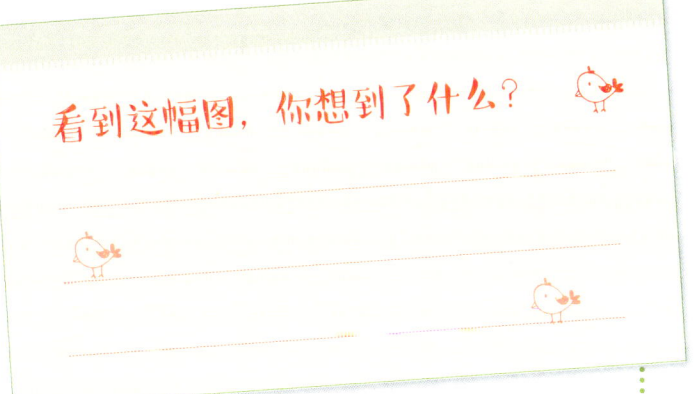

看到这幅图，你想到了什么？

- 鸟纲
- 雀形目
- 太平鸟科

听音识鸟

观鸟笔记之 **太平鸟**

幽鸟声声歌太平——太平鸟

"面面好山清净供,声声幽鸟太平歌。"美丽的塞罕坝植被丰富,桦树金黄的叶子昭示着硕果累累的金秋时节到了,加上伟岸挺拔的红松、四季常绿的云杉,以及漫山遍野的栎树、花楸,一起泼洒出一个五彩斑斓的绚丽世界。一群憨态可掬、鸣声清丽的太平鸟欢快地唱着对太平盛世的赞歌,唱着对三代塞罕坝人将一棵棵幼苗育成万顷林海的敬佩和感激!

太平鸟属小型鸣禽,体长约18厘米,在我国属冬候鸟。它们常生活在针叶林、针阔叶混交林和杨桦林中,主要以油松、桦木、忍冬等植物的果实、

种子和嫩芽为食。除繁殖期成对活动外，其他时候多成群活动，有时能集结成近百只的大群。

太平鸟全身基本呈灰褐色，头部栗褐色，头顶有一细长、簇状的羽冠。休息时，太平鸟常在树的顶端迎风而立，羽冠竖起，十分威武。一条黑色贯眼纹从嘴基经眼到后枕，位于羽冠两侧，极为醒目。颔、喉黑色，翅具白色翅斑。尾羽十二枚，具黄色端斑，故太平鸟也被称为"十二黄"。

太平鸟繁殖期为每年的5～7月，多在距地面12～16米的树上营巢。巢呈杯状，由细的干松枝、枯草茎、苔藓和地衣搭建而成，里面还有柔软的苔藓、桦树皮、松针和羽毛等。繁殖期的太平鸟还会吃一些昆虫补充营养。

太平鸟每窝产卵4～7枚，卵灰色或蓝灰色，被有小的黑色斑点。雌鸟负责孵卵，孵化期14天。

鸟类小知识

鸟类为什么喜欢鸣叫？鸟类鸣叫主要是为了传递信息、寻找同伴或驱赶敌人保持领域。

有一种和太平鸟生活习性相似,常混群活动,体形稍小一点的鸟是小太平鸟,体长约16厘米。小太平鸟有绯红色的尾巴、绯红色的臀,还因为十二枚尾羽的羽尖是绯红色的,又被称为"十二红"。

小太平鸟

拓展阅读——科技兴场

塞罕坝机械林场的建设是在物质和技术几乎一片空白的条件下开始的,但塞罕坝人攻克了高寒地区育苗、造林、营林等技术难关,实现了一次又一次的超越与突破。建场以来,多项科研成果获国家级奖励,5项成果达到国际先进水平。可以说,塞罕坝机械林场的发展史,也是一部中国高寒沙地造林的科技进步史。

趣味知识点

寒冬里的精灵

太平鸟属冬候鸟,
冬季为了觅食,
常出现在果园和城市的公园里,
给寒冷的冬天带来生机和活力。

"怒发"难冲冠

头顶那簇翘起的褐色羽冠,
让太平鸟看起来很是威风,
但它的羽冠很容易下塌,
需要"塑形"才能保持竖立,
"怒发"难冲冠啊!

正气凛然

太平鸟黑色的眼纹很有特点,
从嘴基一直延伸到后枕,
几乎将眉心压到了嘴巴上,
看起来一幅正气凛然的样子。

爱干净

太平鸟非常爱干净,
一旦发现身上有污渍,
就会去水中清洗,
始终保持全身洁净。

鸟语·语人

彼此陪伴,
感受温暖,
平凡的生活,
因朋友的存在而绚烂。

看到这幅图,你想到了什么?

北灰鹟

- 鸟纲
- 雀形目
- 鹟科

听音识鸟

观鸟笔记之 **北灰鹟**

善于捕蝇的"萌大眼"——北灰鹟

林场的晨雾还未完全消散,露珠还在树叶上呼呼大睡,湛蓝的天空中传来阵阵鸟鸣。这里是世界上面积最大的人工森林,置身茫茫林海的北灰鹟早早就开始活动了。

北灰鹟是雀形目鹟科的鸟类,属鸣禽,体长12~14厘米,身形娇小,羽毛以灰色为主,样貌并不出众。雌雄羽色相似,上体羽色为灰褐色,下体中央近白色,眼圈白色,虹膜褐色,脚黑色。北灰鹟最有特点的是一双机灵的大眼睛和宽阔且扁的三角形的嘴。

北灰鹟主要吃蚂蚁、叩头虫、象甲、蝇、蛾等昆虫和昆虫的幼虫。它们常伫立在树冠中下部、树叶遮挡较少、视野较好的枝头静候,发现蝇类飞过就会猛扑过去一口吞下肚,是捕蝇高手,也被称为"宽嘴捕蝇器"。

除"以静制动"外,北灰鹟也会在空中盘旋,寻找伏在树叶上的昆虫和蜘蛛等无脊椎动物。每到傍晚时分,它们会特别专注于捕捉猎物。此时,可以悄悄走近它们,在夕阳西下的余晖中一探它们的精彩生活。

北灰鹟常栖息于落叶阔叶林、针阔叶混交林和针叶林中,性机警,善藏匿,鸣声低沉而微弱,非繁殖期很少鸣叫。

繁殖期为每年的5～7月,5月中下旬开始营巢,通常营巢于乔木的水平侧枝上。巢呈碗状,主要由枯草茎、草叶、树木韧皮纤维和大量苔藓、地衣等编织而成,内垫兽毛、细草茎等细软物。巢伪装

鸟类小知识

鹟:雀形目鸟类,大多数鹟科鸟类的特点是嘴宽而扁平,脚比较小,飞行灵便,多在空中捕食昆虫。

得很好,外面粘着和树枝相似的树皮和苔藓,看上去就像树长的节疤,不容易被发现。北灰鹟每窝产卵4~6枚,卵为灰白色,孵卵的任务主要由雌鸟承担。

北灰鹟种群数量丰富,在塞罕坝地区为夏候鸟,每年多在5月初迁来,9月中下旬开始南迁。迁来时零散不成群,南迁时多呈家族群或10只左右的小群。北灰鹟迁徙时常飞飞停停,边飞边觅食休息,所以在迁徙季节和越冬期间也见于山脚和平原地带的次生林、林缘疏林灌丛和农田地边小树丛与竹丛中,在城市公园中也能观察到。

家住塞罕坝
北灰鹟

拓展阅读——华北风沙屏障

塞罕坝万顷林海筑起了一道牢固的绿色屏障，有效阻滞了浑善达克沙地南侵，每年为京津冀地区涵养水源、净化水质 2.84 亿立方米，守护着京津冀乃至华北地区的生态安全。

趣味知识点

"萌大眼"

北灰鹟眼睛又大又黑又亮,
灵动中还带着几分俏皮,
非繁殖期很少鸣叫,
是个安静的"萌大眼"。

蓑笠"鹟"

因为从头到尾都是灰褐色的覆羽,
北灰鹟看起来仿佛戴着灰色的斗笠,
还披了一身灰色的蓑衣。
当它们立在枝头专注眺望时,
很像"独钓寒江雪"的蓑笠"鹟"!

快速出击

北灰鹟站在视野较少遮挡的枝头，
用一双"萌大眼"四处观看，
发现猎物时立即飞扑过去一口吞下，
再迅速返回原处，
全过程不过数秒。

伪装

北灰鹟不仅善于藏匿，
还很善于伪装，
巢外面粘着和树枝相似的树皮和苔藓，
看上去和树的节疤一样，
很难被发现。

鸟语·语人

宝宝宝宝快趴下，
发现敌人啦！
宝宝宝宝别害怕，
我们打败他！

看到这幅图，你想到了什么？

北红尾鸲

- 鸟纲
- 雀形目
- 鹟科

听音识鸟

观鸟笔记之 北红尾鸲

爱"蹦迪"的红尾巴——北红尾鸲

"滴——滴——滴"一阵熟悉的鸟叫声传来,随着枝叶的晃动,一个美丽的身影跃上枝头,那是北红尾鸲在沐浴晨光唱着欢乐的歌。不一会儿,它停在了枝头,一边摆动艳丽的红尾巴,一边不断地点头,很像是在"蹦迪",非常有趣。

北红尾鸲体长13~15厘米,属小型鸟类,雌雄异色。雄鸟的胸部和腹部为栗褐色,雌鸟的胸部和腹部为褐色,它们的共同点是,都有着艳丽的栗红色尾巴!

每年3月末4月初，和大多数候鸟一样，北红尾鸲离开越冬地，来到塞罕坝地区繁衍后代。4~7月是北红尾鸲的繁殖期，雄鸟开始不断对着栖于附近的雌鸟点头翘尾地鸣叫。当雌鸟应声飞到跟前时，雄鸟不仅会更加快速地点头翘尾，还会将两翅半举或下垂。

北红尾鸲营巢环境多样，人类的建筑物、树洞、岩洞、坑穴等地都可营巢。巢呈杯状，主要由苔藓、树皮、草根、草叶等材料构成，有的还掺杂地衣、棉花等材料，巢内垫有各种兽毛、鸟类羽毛、细草茎等。

雌雄亲鸟共同营巢，6~10天完成。巢建好后开始产卵，通常1天产卵1枚，每窝产卵6~8枚，每年繁殖2~3窝。卵有鸭蛋青色、鸭蛋绿色和白色等不同颜色，均被有红褐色斑点。最后一枚卵产出后，雌鸟开始孵卵，雄鸟负责警戒，孵化期约13天。雏鸟晚成性，刚孵出的雏鸟除

北红尾鸲亚成鸟

鸟类小知识

鸲：鹟科鸟类中的一属，体小，尾巴长，嘴短而尖，羽毛美丽。

头顶、枕、两肩和背有少许纤羽外，全身几乎赤裸无羽。雌雄亲鸟共同育雏，经过15天左右，雏鸟可离巢。

北红尾鸲繁殖期间活动范围不大，通常在距巢80～100米的范围内活动。雌雄亲鸟每天喂食时间能达17小时，喂雏次数超过200次。它们最爱吃昆虫，食谱中有50多种昆虫，其中约80%为害虫。

北红尾鸲常单独或成对活动，行动敏捷，频繁地在地上或灌丛间跳来跳去啄食昆虫，偶尔也在空中飞翔捕食。每次飞翔距离都不远，在林间一般是短距离逐段飞翔前进，不喜欢高空飞翔。

北红尾鸲亚成鸟

北红尾鸲

拓展阅读——绿色资源宝库

塞罕坝有森林、草原、湿地等多种生态系统，野生动植物资源丰富，是珍贵的动植物资源基因库。有陆生野生脊椎动物261种、鱼类32种、昆虫660种、大型真菌179种、植物625种。其中国家重点保护动物47种、国家重点保护植物4种。

北红尾鸲亚成鸟

趣味知识点

"一林不容二鸟"

北红尾鸲有强烈的领域行为，
特别是在繁殖期间，
若有敌人进入巢区，
会立刻飞上前去鸣叫不已，
直到外来者离开为止。
巢穴附近80米的范围内，
不可能有第二窝巢。
真是"一林不容二鸟"！

爱心妈妈

北红尾鸲妈妈在孵卵期间
特别恋巢护卵，
特别是到了后期，
即便人已经走到巢前，
北红尾鸲妈妈也不会飞走。

闻声识鸟

北红尾鸲性胆怯，
见到人会迅速藏到草丛或林间，
但会发出尖细而清脆的
"滴——滴——滴"的叫声，
很容易分辨。

鸟语·语人

竞争要有超人智慧，
竞争要有雄心壮志，
竞争要有勇进的胆识，
竞争要有不怕失败的勇气。

看到这幅图，你想到了什么？

楔尾伯劳

- 鸟纲
- 雀形目
- 伯劳科

听音识鸟

观鸟笔记之 **楔尾伯劳**

披着雀皮的"鹰"——楔尾伯劳

"东飞伯劳西飞燕,黄姑织女时相见",伯劳是我国较为常见的鸟类,常和燕子一起被写进诗词。伯劳和燕子同属雀形目,外形也像燕子一样轻盈,但伯劳拥有鹰一样强大的捕食能力,除以昆虫为主食外,伯劳还能捕猎蛙、鼠甚至其他小型鸟类,堪称披着雀皮的"鹰"。

在塞罕坝地区最常见的楔尾伯劳是伯劳家族中个体最大的,身长25～32厘米,喙强健具钩和齿,最明显的是眼睛上有一条较宽的贯眼纹,尾长呈凸形,又被称为"长尾灰伯劳"。

楔尾伯劳的繁殖期为每年的5~7月，在乔木或灌木上营巢。巢有三层，外壁为树枝、草茎，中层为兽毛、鸟羽以及植物纤维，内层主要为兽毛和鸟羽。每窝产卵4~6枚，卵为淡青色，被灰褐色或灰色斑。

雌鸟孵卵时，雄鸟负责警戒并觅食喂养雌鸟，孵卵期约15天。雏鸟晚成性，亲鸟共同育雏。约20天后雏鸟可离巢，跟随亲鸟在巢区附近觅食。楔尾伯劳的领域意识很强，如有其他鸟侵入巢区，雌雄亲鸟会同时出击将入侵者驱离。

除了尽到照护自己小家庭的责任外，伯劳也十分乐于帮助同类，有时甚至放弃自己繁殖的机会去帮助同种个体抚育后代，这在生物学中叫作"合作繁殖"。

 **鸟类小知识**

合作繁殖：合作繁殖现象在鸟类中存在较为广泛，约占鸟类物种总数的9%。

伯劳中最凶猛的是牛头伯劳,堪称"小猛禽"中的"小杀手",哪里有肉就到哪里吃,主要特点是额、头顶至上背栗色,又被称为"红头伯劳"。

我国南方常见的伯劳是棕背伯劳,常栖于芦苇梢处,从头顶到上背部为灰色,上体大部为红棕色,下体淡棕色或棕白色。

还有一种几乎遍布全国的伯劳是红尾伯劳,主要特点是额和头顶前部淡灰色,尾羽呈棕褐色。

伯劳家族的其他成员长什么样呢?让我们一起走进大自然,去观察,去探究,去保护它们吧!

棕背伯劳

红尾伯劳

拓展阅读——世界造林奇迹

塞罕坝人克服了常人难以想象的困难，成功营造起了万顷人工林海，创造了世界生态建设史上的奇迹。2017年、2021年，塞罕坝机械林场先后荣获联合国环保领域最高荣誉——地球卫士奖、防治荒漠化领域最高荣誉——"土地生命奖"，成为全球环境治理的"中国榜样"。

趣味知识点

"佐罗"

绝大部分伯劳鸟的头侧有穿过眼部的黑色宽带纹,很像戴着眼罩的蒙面"佐罗"。

"屠夫鸟"

伯劳没有鹰那样有力的爪子,它们需要把猎物挂在树枝尖刺上,用喙将猎物撕成条状慢慢啄食,很像卖肉的屠夫把肉挂在钩子上,所以,伯劳也被称为"屠夫鸟"。

解毒

伯劳如果抓到有毒的昆虫,
会挂起来晒几天,
等昆虫体内的毒素分解后再食用。
把猎物高高挂起还便于储存食物,
以防被其他在地面活动的动物抢走。

不屈服

伯劳为了保护幼鸟,
常常奋不顾身冲向敌人,
宁可被掳走甚至同归于尽,
也绝不会松开爪子。

鸟语·语人

无论多么凶猛甚至暴戾,
终为满载而归时,
幼子欢欣雀跃的一瞬。
天下为父母者莫不爱其子!

看到这幅图,你想到了什么?

灰鹡鸰

- 鸟纲
- 雀形目
- 鹡鸰科

听音识鸟

观鸟笔记之 **灰鹡鸰**

侠肝义胆的"纤纤君子"——灰鹡鸰

塞罕坝红松洼保护区风景独特,森林草原交错相连,河流湖泊星罗棋布,动物植物种类繁多。一群灰鹡鸰间或着几只白鹡鸰,正在树枝间跳来跳去,不停发出"脊令、脊令"的鸣叫声。鹡鸰是纤细灵巧的小鸟,却有着"侠肝义胆",只要有一只被困,同伴就会前去帮忙。我国古人很早就发现了鹡鸰这一特点,常用鹡鸰来喻指兄友弟恭、家族团结。

灰鹡鸰是雀形目鹡鸰科鸟类,雌雄相似,体长约19厘米,尾细长,背灰色,喙较细长,眉纹和颧纹白色,眼先、耳羽灰黑色。腿细长,后趾具长爪,

适于在地面行走。

灰鹡鸰常单独或成对活动，也集小群或与白鹡鸰混群活动。飞行时一对翅膀一开一收，呈波浪式前进，边飞边叫。它们主要以蝇、甲虫、蚂蚁、蚱蜢等昆虫为食，在水边行走或跑步捕食，也在空中飞来飞去觅食。常在枝头和露出水面的石头上休息，休息时，尾不断上下摆动。

灰鹡鸰繁殖期一般在每年的5～7月，雌雄亲鸟共同营巢，在林区河边的土坑、石头缝隙或居民区附近都可营巢。每窝产卵4～6枚，卵为尖卵圆形或卵圆形。雌鸟负责孵卵，孵化期约12天。繁殖期间，亲鸟较少活动和鸣叫。

雏鸟晚成性，刚出壳时全身肉红色，除局部有少许灰白色绒羽外，大部分赤裸无羽。雌雄亲鸟共同育雏，留巢期约14天。

 **鸟类小知识**

鹡鸰：地栖鸟类，体形纤细，尾细长，常习惯性上下摆动。

黄鹡鸰和灰鹡鸰外观相似，都有明显的黄色"肚子"，只是黄鹡鸰上体为橄榄绿色，黑褐色的飞羽上有白色或黄白色端斑。

黄鹡鸰

家在塞罕坝
灰鹡鸰

拓展阅读——碳达峰·碳中和

　　作为实现碳达峰、碳中和目标的重要承载地，塞罕坝每年可吸收二氧化碳86.03万吨，释放氧气59.84万吨。

趣味知识点

爱"冲浪"

灰鹡鸰飞行时上下起伏,
就像在冲浪一样;
停下来的时候也不闲着,
尾巴会有规律地上下摆动,
像是冲浪回来甩掉身上的水珠。

来自先秦时期的赞叹

脊令在原,
兄弟急难。
每有良朋,
况也永叹。

善伪装

灰鹡鸰在裸露岩石上营巢时,
会选取和石崖颜色相似的巢材,
非常隐蔽,很难被发现。

"抖尾巴"

鹡鸰休息时会不停地"抖尾巴"
来警告敌人:
"我已经看到你啦,
不要妄想偷袭我!"

鸟语·语人

听,灰鹡鸰在欢唱:
天是这样蓝,
树是这样绿,
期盼世界永远和平、美丽!

看到这幅图,你想到了什么?

珠颈斑鸠

- 鸟纲
- 鸽形目
- 鸠鸽科

听音识鸟

观鸟笔记之 珠颈斑鸠

没有珍珠的"珍珠颈"——珠颈斑鸠

空气中泛着些许清凉,蝴蝶和蜜蜂舞动轻盈的翅膀在花丛中忙碌着。伴着"咕——咕——咕咕——"的叫声,一只鸟落到地上开始觅食。它的颈部两侧为黑色,散布着许多白色的细小斑点,好像戴着珍珠项链。这是一只珠颈斑鸠,和鸽子的大小、外貌相似,也被称为"野鸽子"。

珠颈斑鸠是常见的鸽形目鸟类,体长约30厘米,头部鸽灰色,上体褐色,下体粉红色,嘴黑褐色,脚红色,尾长,外侧尾羽为黑褐色,末端白色,最显著的特点就是白色斑点密布的颈部。

珠颈斑鸠常栖息于有稀疏树木的平原、草地、低山丘陵和农田地带,也出现在村庄附近。栖息地较为固定,如果不被干扰,可以较长时间不变。通常在天亮后离开栖息树到地上觅食,离开前会鸣叫一阵,着陆时尾巴会向上倾。

觅食时间主要为早晨7~9点和下午3~5点,主要以颗粒状的植物种子为食,有时也吃蜗牛、昆虫等动物性食物。

珠颈斑鸠是留鸟,在不同地区繁殖期也不同,在塞罕坝地区为每年5~7月。雄鸟找到适合建巢的位置后会邀请雌鸟过去查看,如果雌鸟也认为合适,巢的位置就确定了,雌雄共同营巢。巢呈平盘状,结构松散,主要用一些小树枝在树杈、矮树丛或灌木丛间简单堆建而成。

珠颈斑鸠一般每年繁殖2次,每窝产卵2枚,

珠颈斑鸠幼鸟和未孵化的卵

 **鸟类小知识**

嗉囊:有些鸟类的食管一部分特化为嗉囊,具有贮藏和软化食物的功能。

卵为白色，椭圆形，光滑无斑。雌雄亲鸟轮流孵卵，共同育雏。孵化期为15～18天，育雏期大约还需要两周。珠颈斑鸠幼鸟没有"珍珠颈"，只有黑色的脖子，幼鸟的颜色不像成鸟那样鲜艳。

山斑鸠是珠颈斑鸠的"兄弟"，但山斑鸠没有"珍珠颈"，颈基两侧有明显的黑白相间的条纹，上体有深色扇贝状羽缘，也被称为"大花鸽"。

珠颈斑鸠幼鸟

山斑鸠

拓展阅读——创业者的诗

渴饮沟河水，饥食黑夜面。白天忙作业，夜宿草窝间。雨雪来查铺，鸟兽绕我眠，劲风扬飞沙，严霜镶被边。老天虽无情，也怕铁打汉。满地栽上树，看你变不变！

趣味知识点

"鸽乳"

珠颈斑鸠的嗉囊腺在育雏期
能分泌富含蛋白质的物质，
其与半消化的食物混合形成"鸽乳"，
雏鸟会把嘴伸入亲鸟口中
取食"鸽乳"。

害羞

珠颈斑鸠和人类较为亲近，
当你靠近它的时候，
它不会马上飞走，
但会转过身去背对着你，
好像害羞的样子。

渡渡鸟

已经灭绝的渡渡鸟，
和珠颈斑鸠同属鸽形目。
在原产地几乎没有天敌的渡渡鸟，
从被人类发现到灭绝居然不到200年！

不要投喂

在空调外机或阳台花盆等地方
发现筑巢的珠颈斑鸠时，
最好不要投喂它们，
以免它们过度依赖人类，
逐渐失去野外生存能力。

鸟语·语人

爸爸送给妈妈的礼物，
不是鲜花而是建巢的树枝。
生活原本就该这样，
平淡的日子也能熠熠生辉。

看到这幅图，你想到了什么？

黑琴鸡

- 鸟纲
- 鸡形目
- 松鸡科

听音识鸟

观鸟笔记之 **黑琴鸡**

鸟类中的"战斗鸡"——黑琴鸡

落日的余晖即将在天际散尽,一群体形如鸡的鸟儿正在路边觅食,丝毫不在意旁人接近,淡定地享受晚餐。它们就是鸟类中的"战斗鸡"——黑琴鸡。

之所以被称为"战斗鸡",是因为每到繁殖季,雄性黑琴鸡就开始"秀肌肉",不时发生争斗。在争斗开始前,它们还会提前热身。此时,雄性黑琴鸡先是膨胀起自己全身的羽毛,展开它那莲花般的尾羽,紧接着开始在草地上奔跑,昂首挺胸,尽情炫耀,以震慑对方。

当争斗正式开始时,它们会用嘴啄对方的眼睛,还会飞起利爪,试图将

对方"一爪封喉"。整个争斗场尘草飞扬、羽毛四散，战况非常激烈。雄鸟还会互相追逐跑成一圈，同时发出"咕噜噜"的叫声，口中不断吐出白沫。雌鸟跟在后面发出"沙沙"声，并啄食这些白沫，真是"相濡以沫"啊！

黑琴鸡警惕性不高，易于观察。黑琴鸡为山地森林鸟类，体长45~61厘米，大小似家鸡。喙较短，呈圆锥形，适于啄食植物种子；翅短圆，不适合飞行；脚强健，具锐爪，善于行走和掘地觅食。黑琴鸡的巢很简陋，为不大的坑穴，巢内铺有枯枝、落叶、干草和羽毛等。

黑琴鸡每窝产卵4~13枚，卵呈淡赭色，

 **鸟类小知识**

鸟类的体温：鸟类和人类一样都是恒温动物，但比人类体温高。鸟类体温大多为40~42℃。

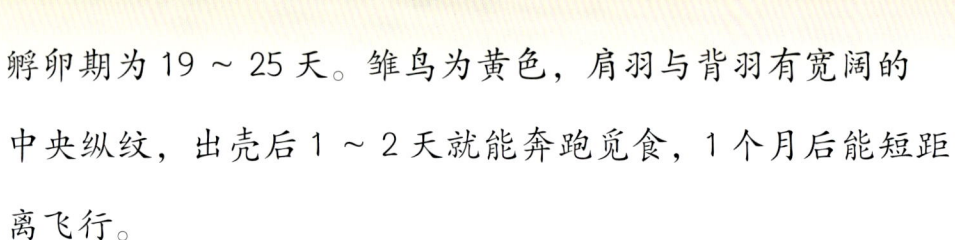

孵卵期为19~25天。雏鸟为黄色，肩羽与背羽有宽阔的中央纵纹，出壳后1~2天就能奔跑觅食，1个月后能短距离飞行。

黑琴鸡鼻孔和脚均有被羽，能较好地适应严寒，为定居性鸟类，在纯针叶林、森林草原、草甸、森林沟谷中都能见到它们。主要食物为各种树芽及嫩枝、叶、果实，冬季黑琴鸡主要栖息在阳光充足、气温较高的桦树林、沟谷及河流两岸。

黑琴鸡分布范围虽广但不连续，各地种群数量均有不同程度下降。可喜的是，在塞罕坝这块"宝地"上还栖息着数量较大的种群。

拓展阅读——二次创业

新一代塞罕坝人开启了"二次创业"新征程，努力推进创新发展、绿色发展、高质量发展。预计到 2030 年，林场有林地面积将达到 8000 公顷，森林覆盖率提高到 86%，森林生态系统更加稳定、健康、优质、高效，成为人与自然和谐共生，经济、社会、环境协调发展的新时代生态文明示范区。

趣味知识点

"小红帽"

雄性黑琴鸡体羽几乎全为黑色，
部分呈现出蓝绿色的金属光泽。
红色的鸡冠肉嘟嘟的，
像是戴着一顶"小红帽"。

黑色"吸热衣"

黑琴鸡黑色的羽毛能大量吸收太阳光热，
提高御寒能力。
每当冬季来临，大雪封山，
零下40度以下的林海中，
仍有黑琴鸡悠然自得地游逛。

"跑步冠军"

黑琴鸡脚强健,双腿肌肉发达有力,
跑起来如同闪电一样迅捷无比。
如果鸟界举办运动会,
黑琴鸡一定是妥妥的"跑步冠军"。

鸟语·语人

每只鸟都有属于自己的树枝。
也许它未曾去过,
但树枝仍会在那里,
该相逢的时候相逢。

看到这幅图,你想到了什么?

纵纹腹小鸮幼鸟

家住塞罕坝

飞鸟掠影

家住塞罕坝
黑颈䴘

家在塞罕坝
星头啄木鸟

家住墨竹坝 黑喉石䳭（雄）

家住塞罕坝

燕雀

家住塞罕坝

成长记录

成长记录·寿带 >>>>

1. 在春日的塞罕坝机械林场,出现了一个像冰激凌蛋筒一样倒圆锥形的鸟巢,这是谁的家呢?

2. 原来这是寿带的巢。寿带妈妈正在耐心地孵化寿带宝宝们，期待着新生命的到来。

3. 寿带家族的雌鸟都有着蓝黑色的头部和栗色的背羽，非常好辨认。

白带子

紫带子

4. 寿带的雄鸟则有两种样子。一种头部以下羽毛为白色，拖着白色的长尾，被称为"一枝花"或"白带子"；另一种与雌鸟相似，但有着长长的中央尾羽，被称为"紫带子"。

5. 注意看巢里的小脑袋了吗？寿带宝宝们破壳了！

6. 新手父母忙碌地将各种美味带回来，为幼鸟补充营养。

7. 寿带主要以甲虫、蛾蝶类、蝗虫等昆虫为食，这些昆虫大部分是破坏森林的害虫，所以寿带也是名副其实的"森林小卫士"。

8. 寿带是非常注重清洁的鸟，会经常打扫卫生，及时将巢里的污物清理出去，保证为寿带宝宝们提供干净整洁的生活环境。

9. 在寿带父母的精心喂养下，体质较强的幼鸟已经可以出巢学习飞翔了，弱弱的小寿带宝宝也迫不及待地想要快快长大。

10. 不过半个月的时间,寿带宝宝们就可以站在枝头享用美食了,很快这片绿色的家园又将迎来更多的"森林小卫士"。

成长记录·中华攀雀 >>>>

1. 在郁郁葱葱的杨柳林中有中华攀雀隐秘而温暖的产房。

2. 雄性中华攀雀衔来了兽毛、柳絮、杨絮、苇絮等上好的建筑材料。

3. 心灵"嘴"巧的中华攀雀，将嘴中衔着的材料一圈又一圈地缠裹在树枝上。

4. 雌性中华攀雀很快也加入到筑巢行动中，它们一个搭、一个织，配合的非常默契。

5. 鸟巢越来越完美，雌鸟的"预产期"也临近了。

6. 嘘——在这个像羊毛袜一样的小房子里，几枚小小的卵正在静静等待破壳……

7. 中华攀雀是鸟类中著名的"筑巢高手"，为了保护好幼鸟，它们设计建造了这个鸟巢。巢口细长，无法观察巢内的情况，也就看不到中华攀雀宝宝破壳的过程了。

8. 终于有机会观察到了一只中华攀雀宝宝,它也在"好奇"地打量四周。

9. 找到食物后的中华攀雀妈妈赶紧赶回家,将最新鲜的食物带给宝宝。

10. 茁壮成长的中华攀雀幼鸟终于可以离巢了,它兴奋地在枝头跳跃,欣赏这片美丽的杨柳林……

摄影器材简介 >>>>

现在，观鸟爱好者越来越多，观鸟经验越来越丰富以后，觉得需要留下影像记录，记忆才会更深，所以，拍鸟的人越来越多啦！但要把鸟拍清晰不是一件简单的事，不仅需要具备一定的鸟类知识和拍摄技巧，而且需要有专业的机器设备——鸟类摄影器材。

下面就来介绍一下拍摄鸟类时常用的器材。

一、相机

拍鸟对相机的连拍速度、对焦速度的要求比较高，建议使用全画幅相机，不建议使用对焦速度跟不上连拍速度的机型。连拍速度3张/秒（低速）、12张/秒（高速）、14张/秒（超高速），比较适合拍鸟。

二、镜头

因为野生鸟类距离摄影者距离都比较远,所以所用镜头必须是长焦镜头,比如 400mm F2.8、500mm F4、600mm F4、800mm F5.6 等。

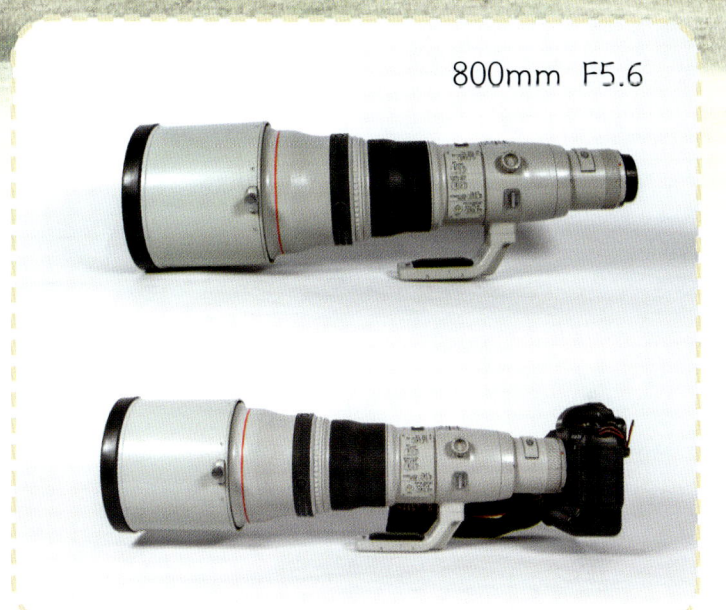

800mm F5.6

三、三脚架

三脚架主要为相机镜头提供稳定的支撑,没有稳定的支撑很难拍出清晰的鸟类摄影作品。尽管手持拍摄对于拍鸟,尤其拍飞鸟是比较灵活的,但长焦镜头加上全画幅机身很重,一般人手持拍摄坚持不了几分钟。这就决定了三脚架腿管的粗细,为了设备的安全和镜头的稳定,再考虑到拍鸟这种户外活动的环境,粗管碳纤维三脚架是不二选择。

四、云台

拍鸟的云台要求极高,除了要求云台锁定后能稳定支撑设备,还要求云台具有一定的灵活性。摄像机使用的液压云台被广大鸟类摄影师发现并广泛使用。

五、豆袋

野生鸟类是不太好接近的,它们怕人但不怕车,所以车拍就成了野生鸟类摄影不可或缺的方式。车拍时,三脚架就失去了优势。而豆袋可以架在车窗上,避免镜头与车窗之间磕碰摩擦,也起到了很好的支撑作用。豆袋很好制作,缝制一个外皮,填充一些粮食,比如豆子、大米都可以。

六、伪装帐篷和迷彩服

为了有效地接近鸟类，不对鸟造成惊吓，做好有效隐蔽很重要。躲进伪装帐篷、穿上迷彩服是有效的办法。

伪装帐篷

后记 >>>>
—— 编者寄语

"布谷——布谷——"清晨一开窗，布谷鸟的鸣叫声扑面而来。如今，塞罕坝生物多样性得到恢复，与野生状态下的鸟类共处成为塞罕坝独特的魅力所在。展翅飞翔的草原雕，姿态优雅的白天鹅和黑鹳，会唱歌的褐柳莺以及爱打斗的黑琴鸡……各种鸟儿因其或美丽的羽毛、或婉转多变的鸣声、或奇特的姿态，给人以视觉和听觉上美的享受。

鸟类是自然界中较容易和人类接近的野生动物，通过参与观鸟活动可以进一步亲近自然，放松身心。

本书以充满自然色彩的笔触，记录了栖居于塞罕坝机械林场的鸟类的繁衍生息。这些会飞的朋友带我们远离城市，深入自然，重新思索人与自然、与万物的关系，激发起读者，特别是小朋友们对自然的好奇和兴趣，从观鸟开始，自然而然地关注鸟类的生存环境，以及我们赖以生存的地球环境。

塞罕坝机械林场建场之初，塞罕坝沙化严重、人烟稀少，气候极其恶劣。几代塞罕坝人坚持绿色发展，秉持科学精神，接续艰苦奋斗，甘于无私奉献，在一片荒漠中建成了世界上面积最大的人工林场，筑起京津冀绿色生态屏障，铸就了"牢记使命、艰苦创业、绿色发展"的塞罕坝精神。塞罕坝机械林场也被誉为"水的源头，云的故乡，花的世界，林的海洋，鸟兽的天堂"。

我们特别将塞罕坝精神贯穿在观鸟笔记之中，旨在带动读者，特别是小朋友们理解生态文明理念，沉浸式体会感人至深的塞罕坝精神。塞罕坝机械林场的建设者们在"黄沙遮天日，飞鸟无栖树"的荒漠沙地上创造出"荒原变林海"的人间奇迹，为子孙后代留下了天更蓝、山更绿、水更清的优美环境。他们用实际行动诠释了"绿水青山就是金山银山"的理念，他们感人至深的事迹是推进生态文明建设的生动范例。

观鸟是一项有助于培养人的意志力、忍耐力和关注力的活动。刚开始观鸟时，每次外出都会不自觉地抬头看天，遇到即便是常见的珠颈斑鸠、金腰燕、灰喜鹊等，也会激动不已。随着观鸟不断深入，看到陌生的鸟儿，举起手机或相机拍下后会翻看鸟类图鉴进行深入研究。再后来，为了更好地观察鸟儿，为它们留下精美的倩影，跋山涉水，起早贪黑，在一个个"鸟点"从清早蹲守到天黑，即便是风雨交加也不会退缩。观鸟的人经过大自然的洗礼，总是带有一种豁达和坚毅的品质。

观鸟是一门学问，也是一种快乐。独乐乐不如众乐乐，希望通过这本书，让读者特别是小朋友们对鸟类有全新的认识，享受到新发现的快乐。长着"两撇小胡子"的松鸦是最聪明的鸟类之一，善于模仿其他鸟兽的鸣叫来抵御天敌；优雅的大天鹅，其实是隐藏的"飞行高手"，能够飞越世界第一峰——珠穆朗玛峰；黑水鸡不仅会游泳，更是"潜水健将"……

大自然丰富多彩，鸟类的故事很多，有鸟儿之间的故事，有鸟儿与环境之间的故事，有鸟儿与人类的故事。希望这本书能够带给读者身临其境之感，一起去感受大自然的呼吸，让鸟儿——这可爱的小精灵将我们和自然万物更深情地联结起来。希望由这本书开始，读者也能爱上观鸟、爱上塞罕坝、爱上我们赖以生存的大自然。

希望有那么一天，这本书的读者也开始举起手机、相机，拿起望远镜，从城市到郊野，从平原到山川，从江河到湖海，从脚下走向世界。当你终于发现了令你怦然心动的小鸟，祝贺你，你开始拥有了自己和鸟类、和大自然的故事……

出发吧！亲爱的朋友们！

我给鸟儿回封信

图书在版编目(CIP)数据

家住塞罕坝：我的观鸟笔记 / 侯建华，李雪峰主编；赵俊清等摄影. -- 2版. -- 石家庄：河北少年儿童出版社，2023.12
 ISBN 978-7-5595-6201-2

Ⅰ. ①家… Ⅱ. ①侯… ②李… ③赵… Ⅲ. ①鸟类－围场县－少儿读物 Ⅳ. ①Q959.7-49

中国国家版本馆CIP数据核字(2023)第240682号

家住塞罕坝——我的观鸟笔记
JIA ZHU SAIHANBA WODE GUANNIAO BIJI

侯建华　李雪峰 主编　　赵俊清等 摄

选题策划	段建军　孙卓然
责任编辑	李　璇　张静洁　李欣潞　李治位
特约编辑	贾雪静
美术编辑	李欣潞
音频制作	赵俊清
手绘插图	徐柏生　李欣潞
装帧设计	脱琳琳
出　版	河北少年儿童出版社
	石家庄市桥西区普惠路6号　邮编　050020
经销电话	010-87653015　010-87653137（传真）
发　行	全国新华书店
印　刷	保定华升印刷有限公司
开　本	889mm×1194mm　1/12
印　张	20
版　次	2023年12月第2版
印　次	2023年12月第1次印刷
书　号	ISBN 978-7-5595-6201-2
定　价	198.00元

版权所有　侵权必究